Multiplication Workbook Grade 3

Practical Math Exercises

DAN STEWART

CONTENTS

Multiply By Grouping

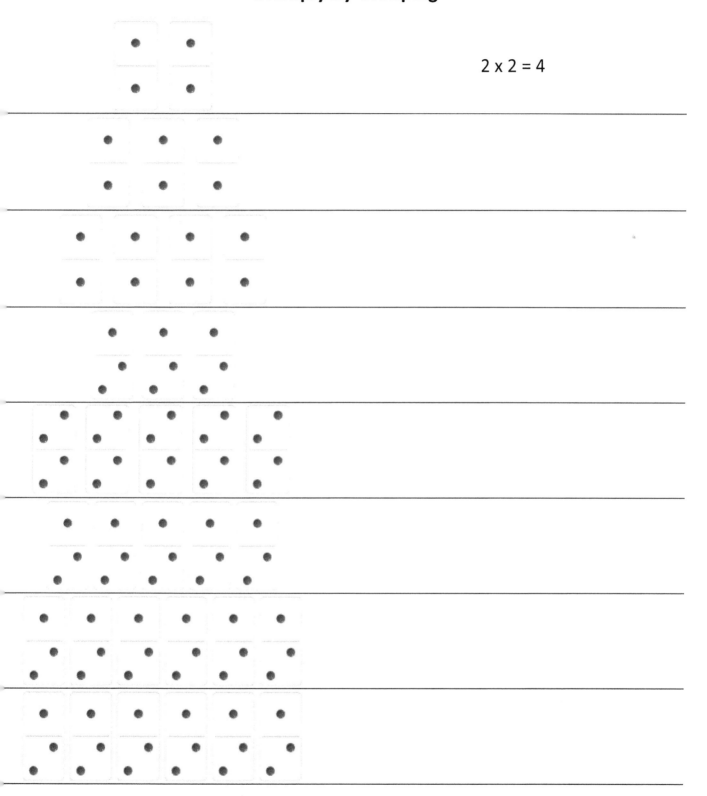

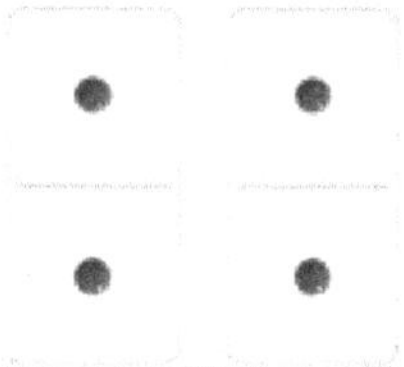

2 x 2 = 4

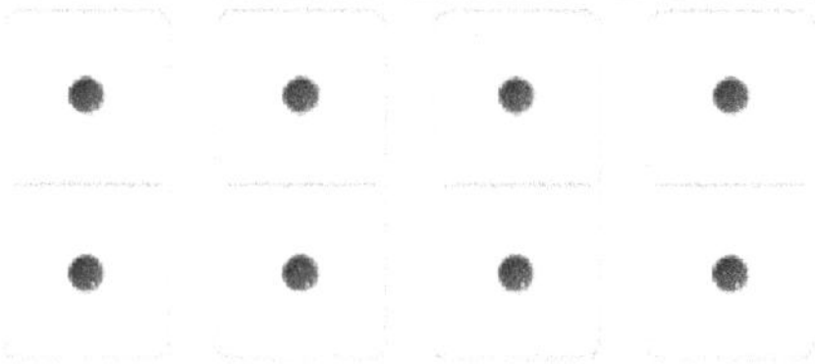

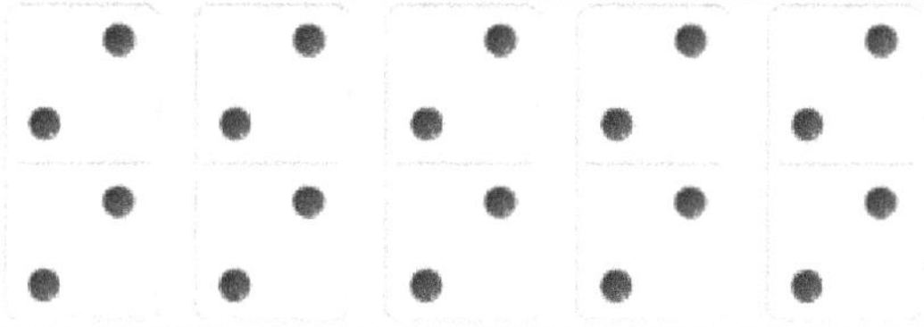

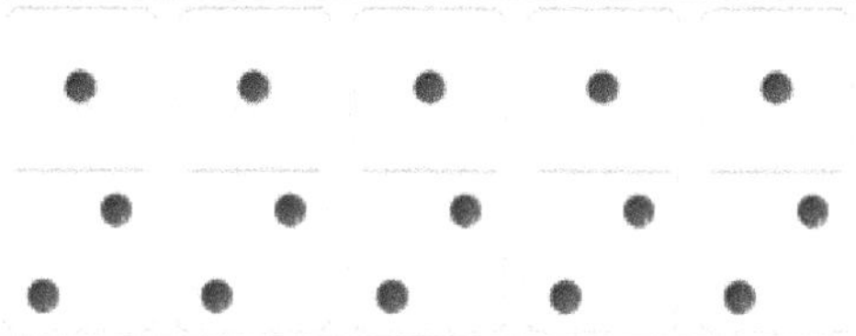

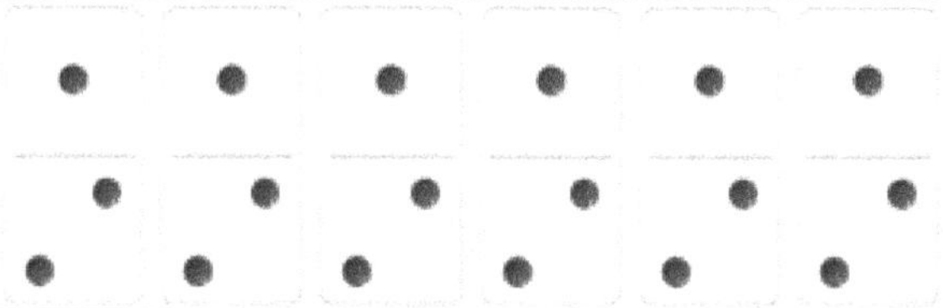

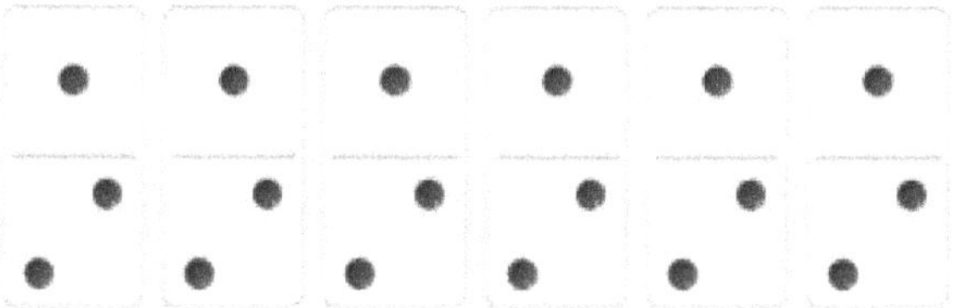

Multiply By Grouping

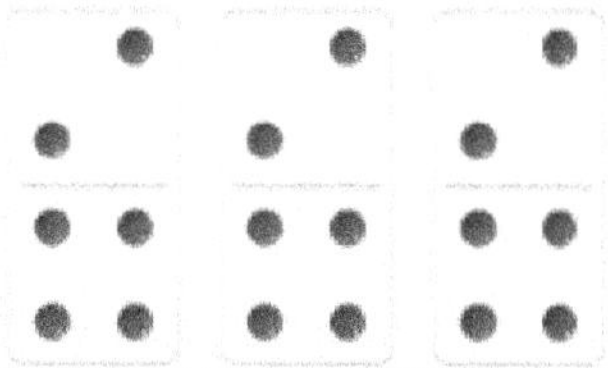

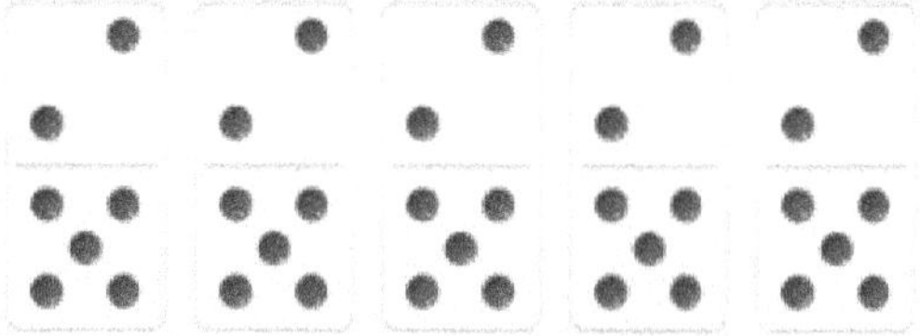

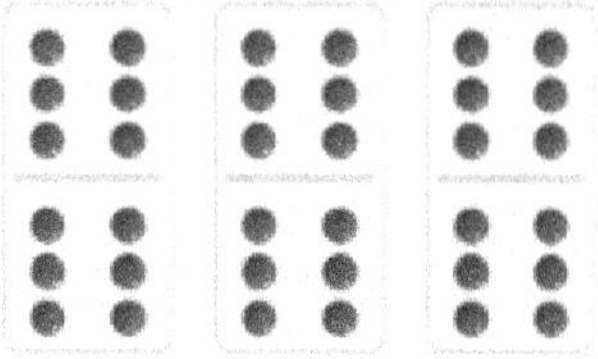

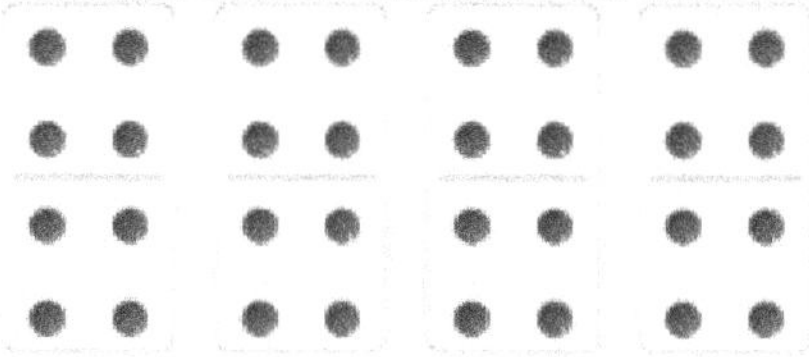

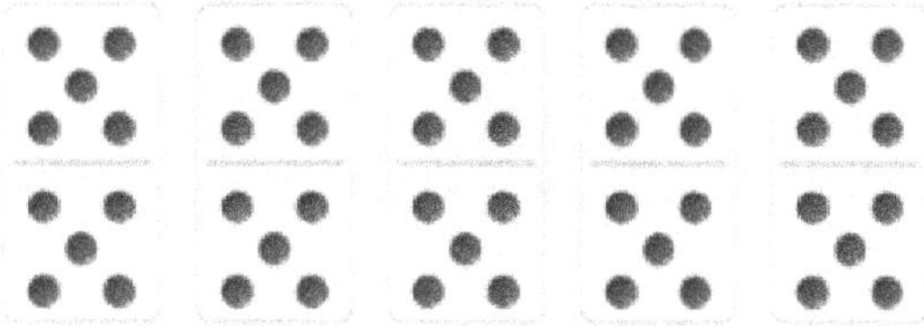

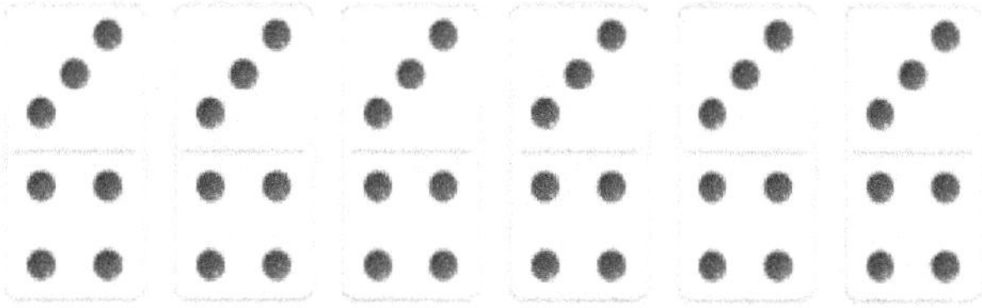

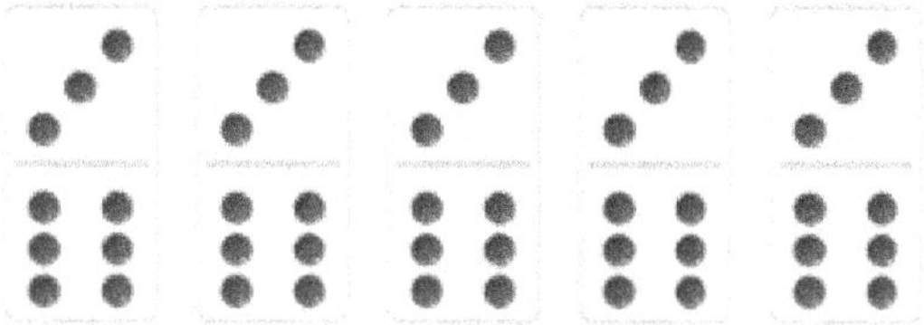

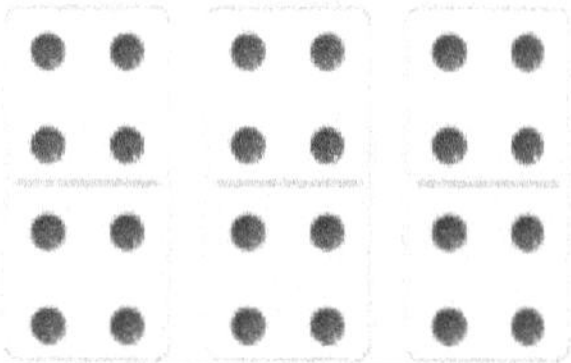

Help rabbit to get his carrot. He will have to solve the equation on his way.

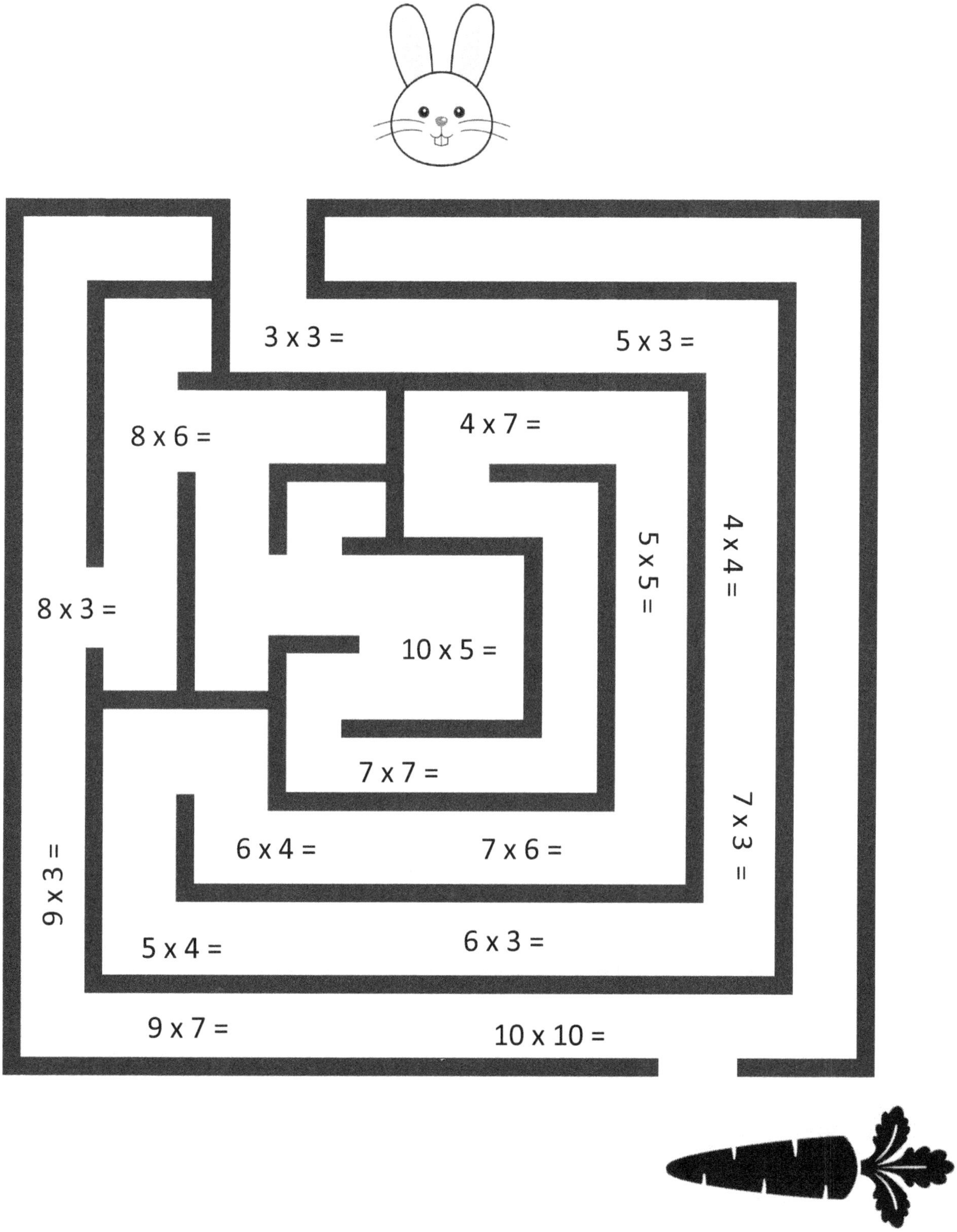

Solve The Equations

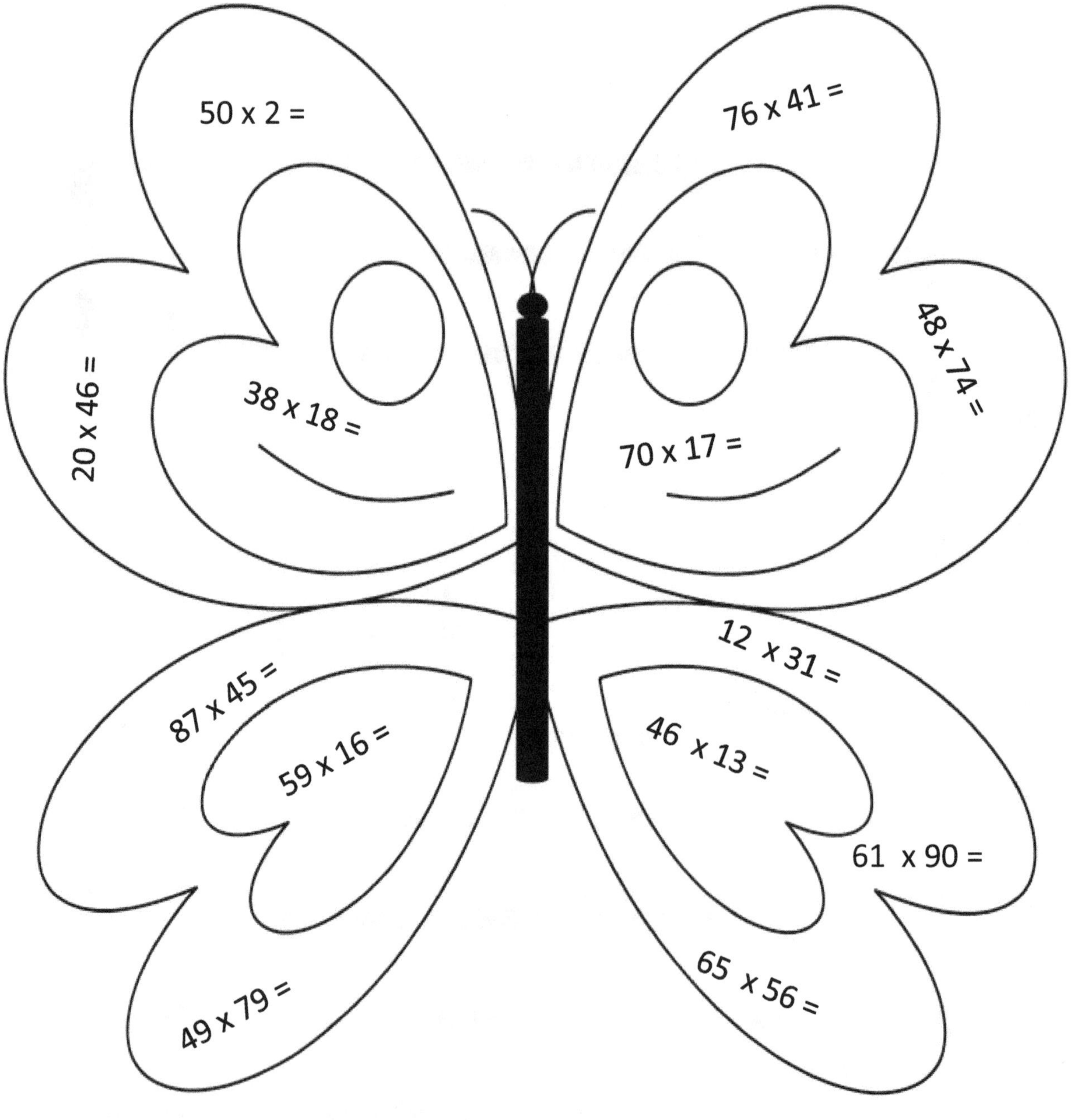

From The Given Grid, Write The Multiplication Equation And Solve

3 x 4 = 12

3 x ___ = ___

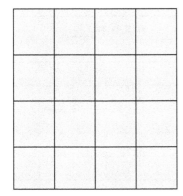

___ x ___ = ___

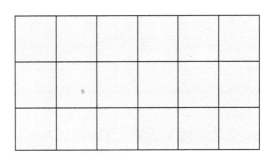

___ x ___ = ___

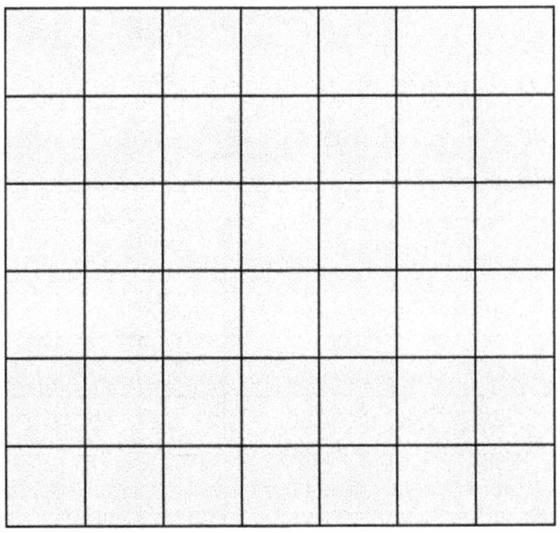

___ x ___ = ___

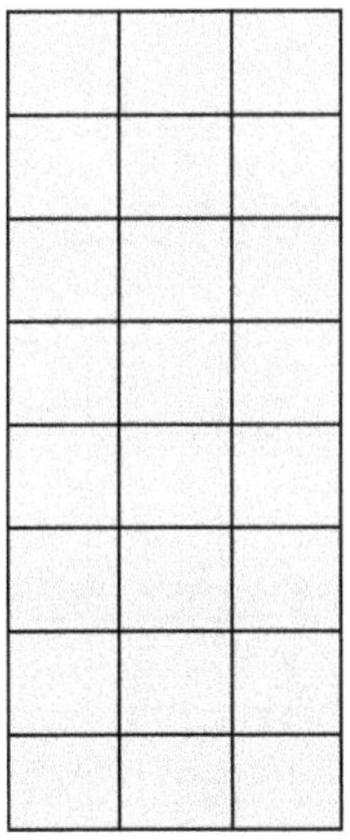

___ x ___ = ___

Shade The Boxes In The Given Grid As Per Equation And Then Solve It

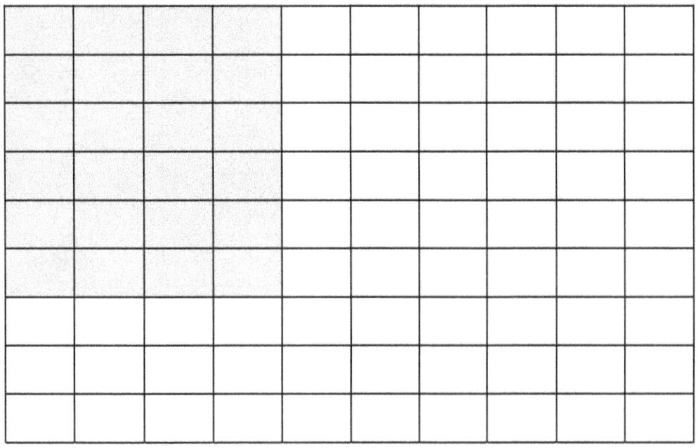

5 x 4 = 20

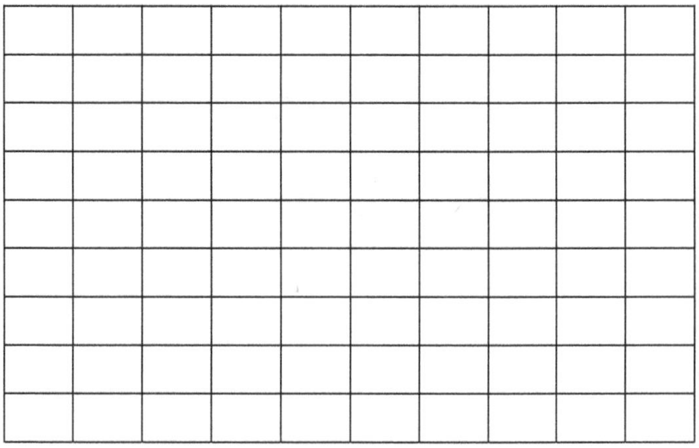

4 x 6 = ___

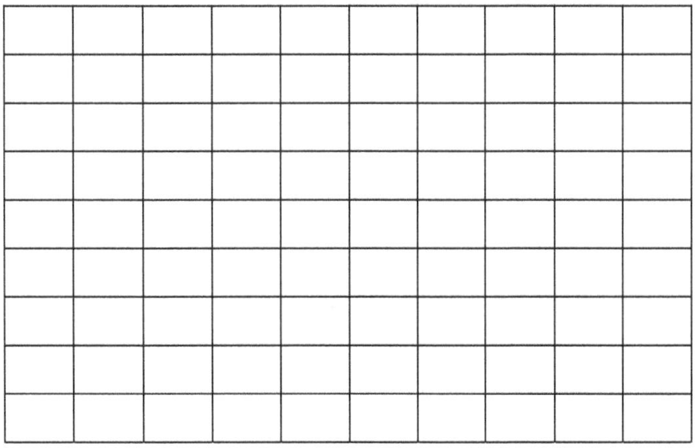

7 x 5 = ___

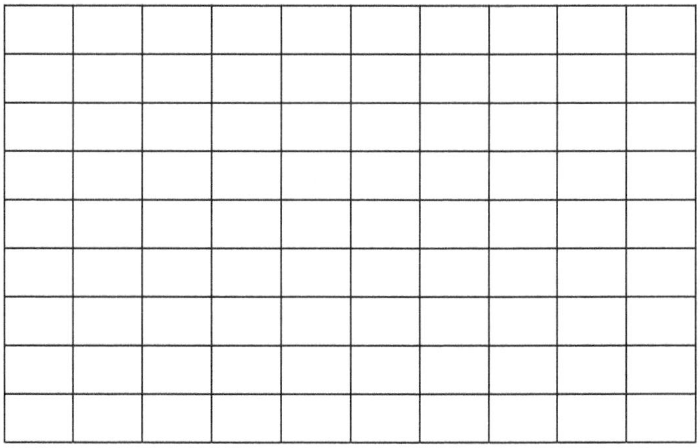

3 x 8 = ___

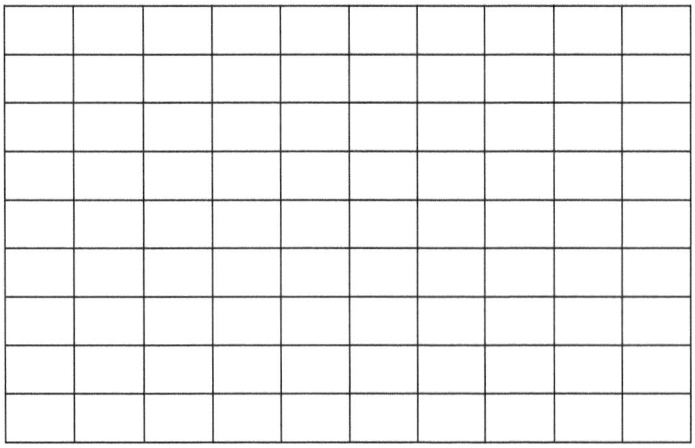

4 x 9 = ___

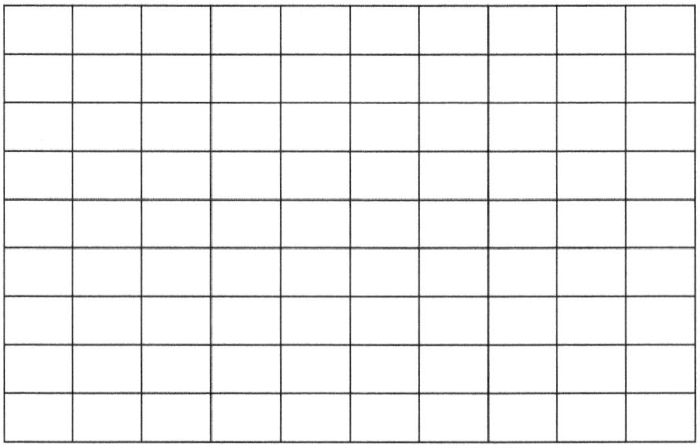

7 x 4 = ___

Write The Multiples Of Given Number

2	2	4	6	8	10	12	14	16	18	20
	22	24	26	28	30	32	34	36	38	40

3										

4										

5										

6										

7										

8										

9										

10										

11										

12										

13										

14										

15										

16										

17										

18										

19										

Hope On The Number Line By Skipping Given Number Of Steps

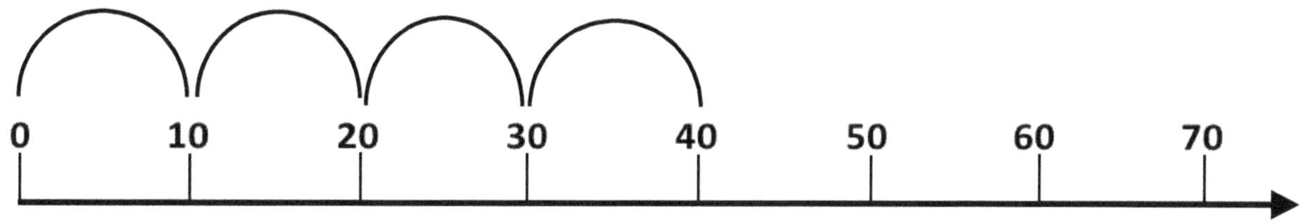

10 x 4 = 40

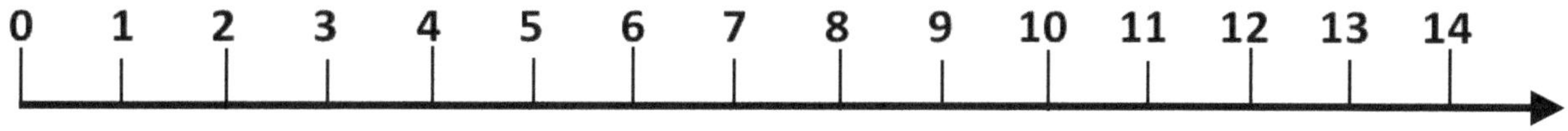

3 x 4 =

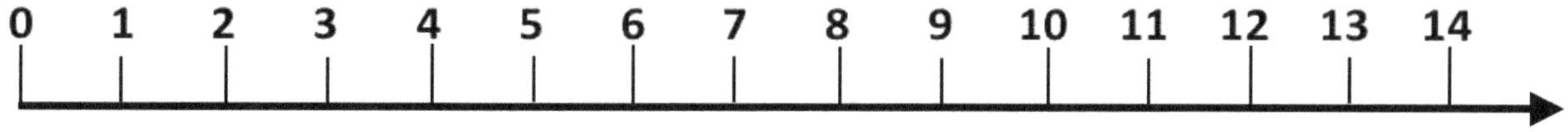

2 x 6 =

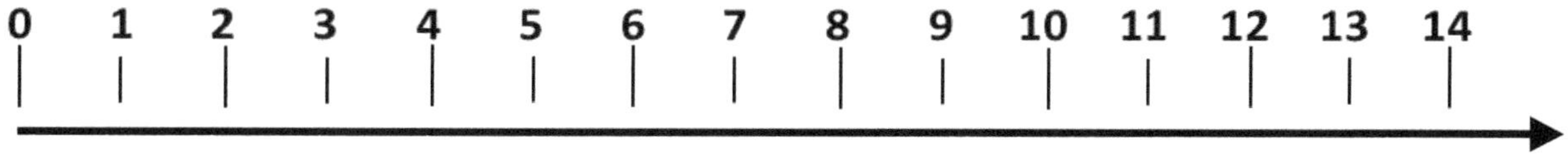

5 x 2 =

Hope On The Number Line By Skipping Given Number Of Steps

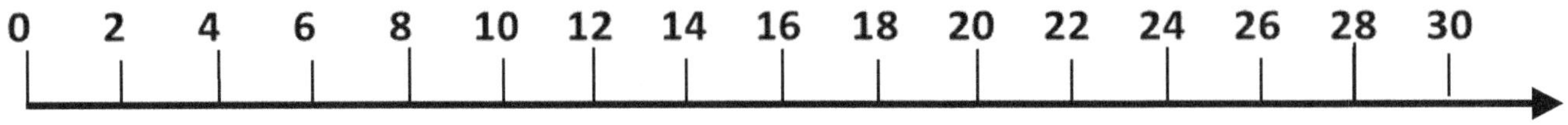

4 x 4 =

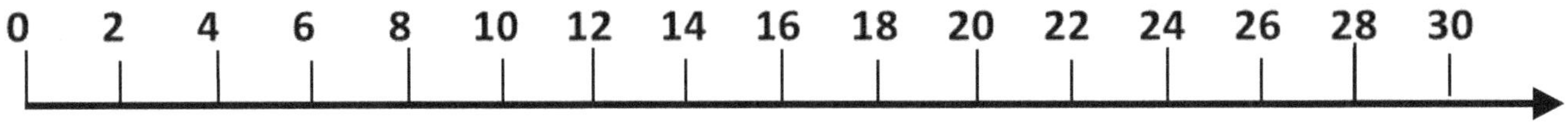

6 x 4 =

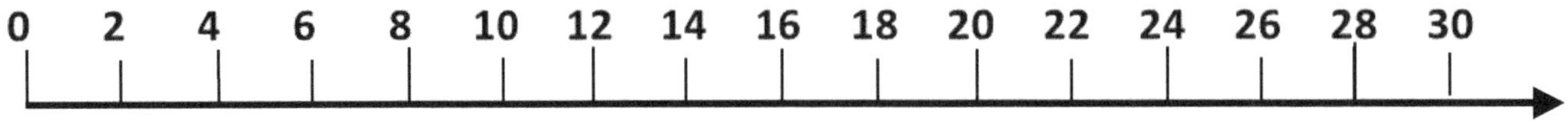

4 x 5 =

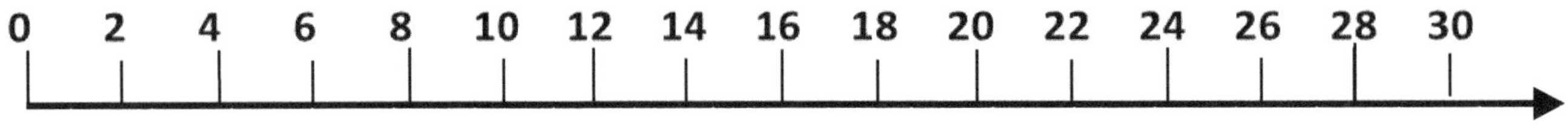

8 x 3 =

Hope On The Number Line By Skipping Given Number Of Steps

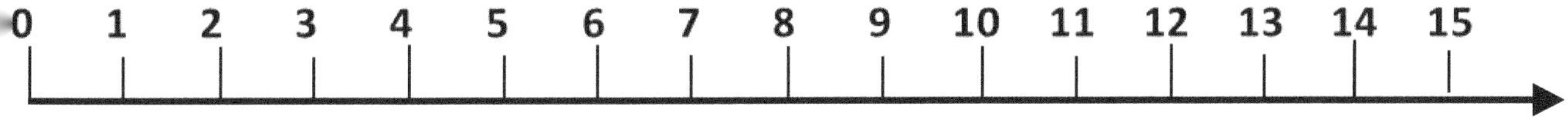

3 x 5 =

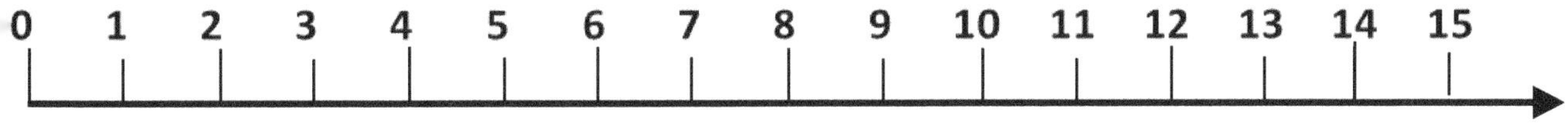

2 x 7 =

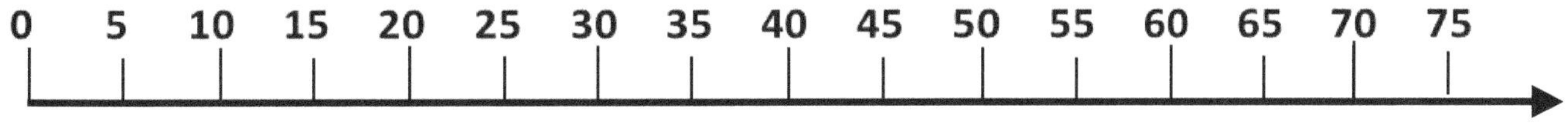

5 x 9 =

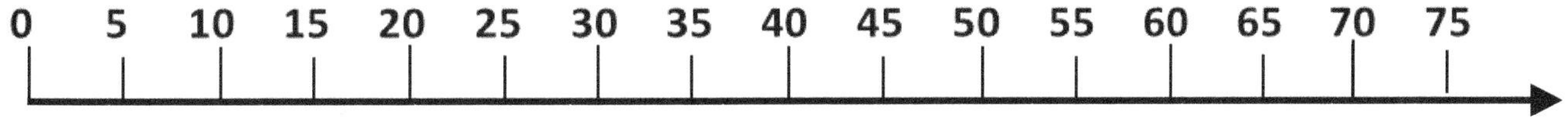

15 x 4 =

Multiply To Complete

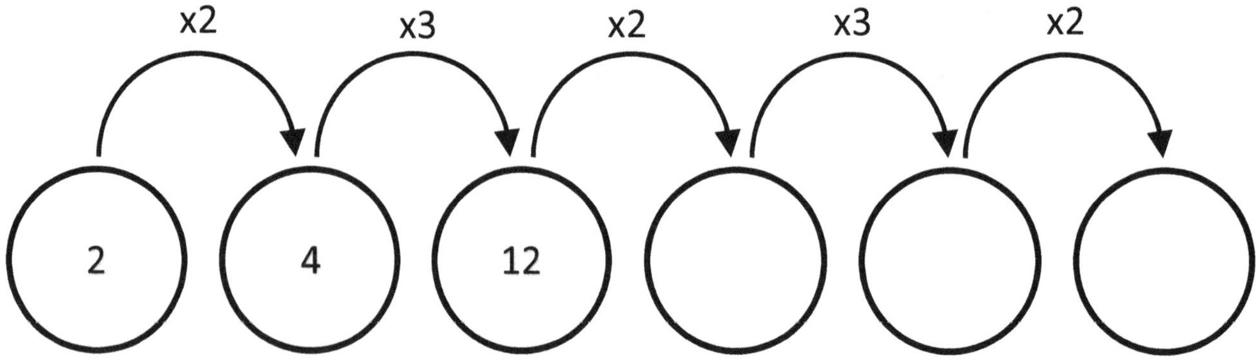

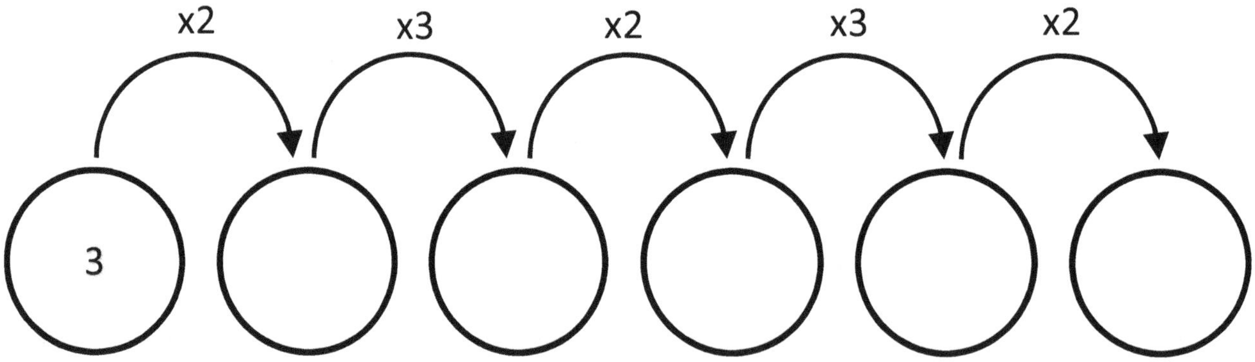

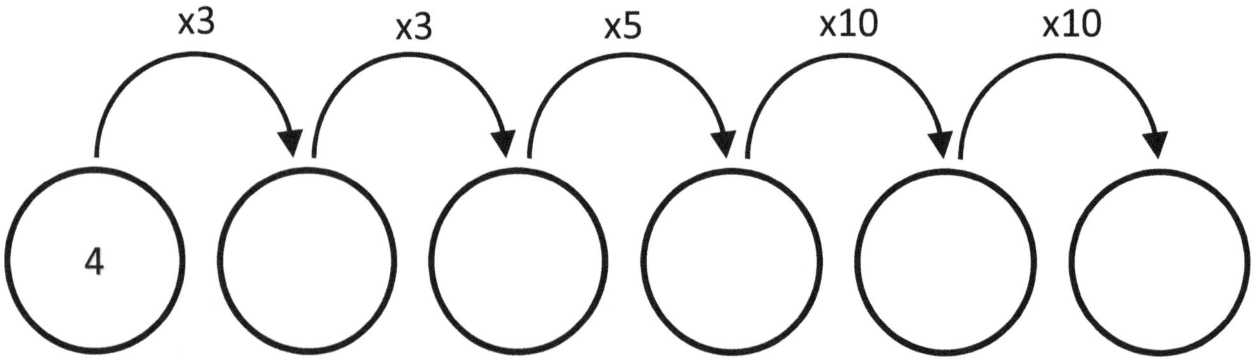

Multiply to complete

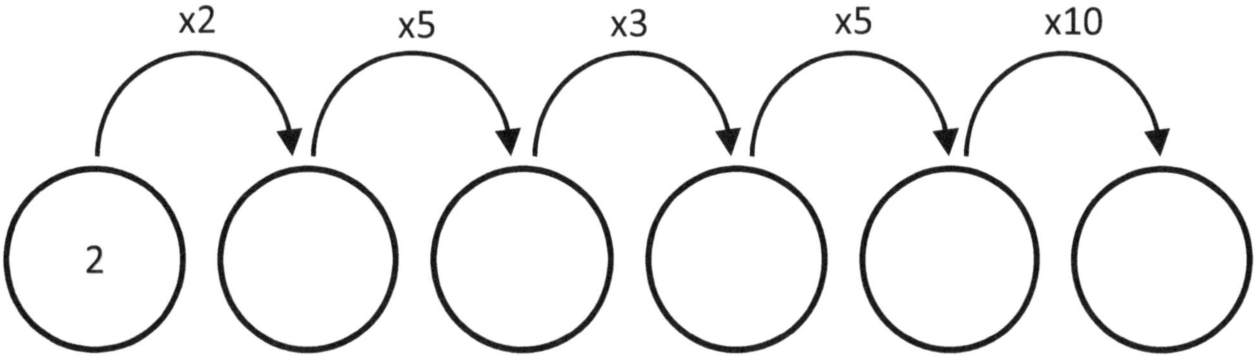

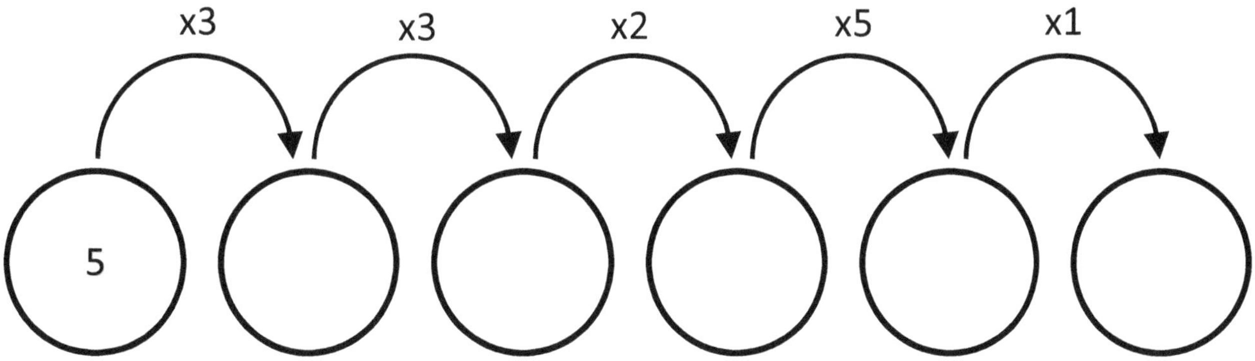

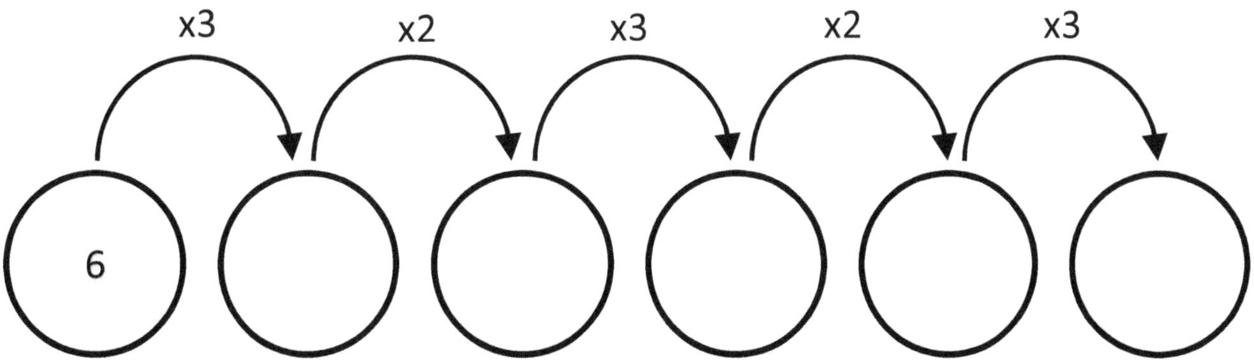

Multiply to complete

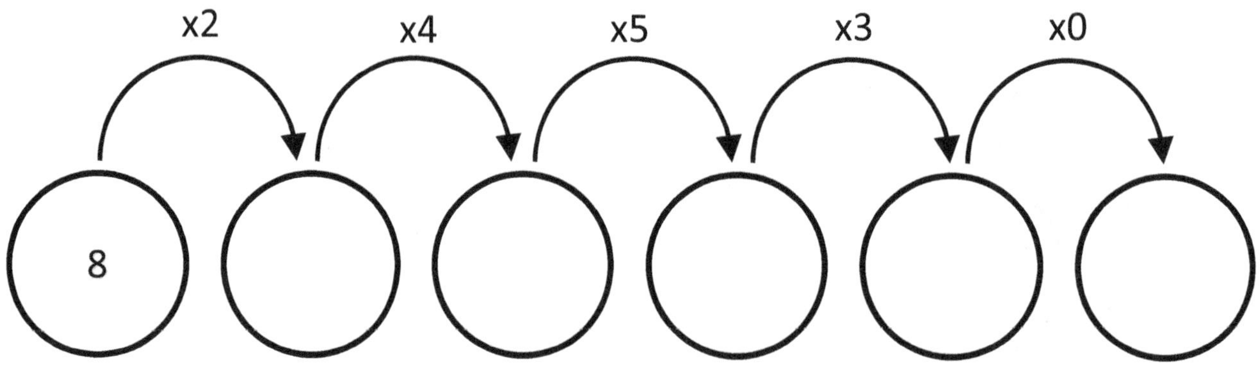

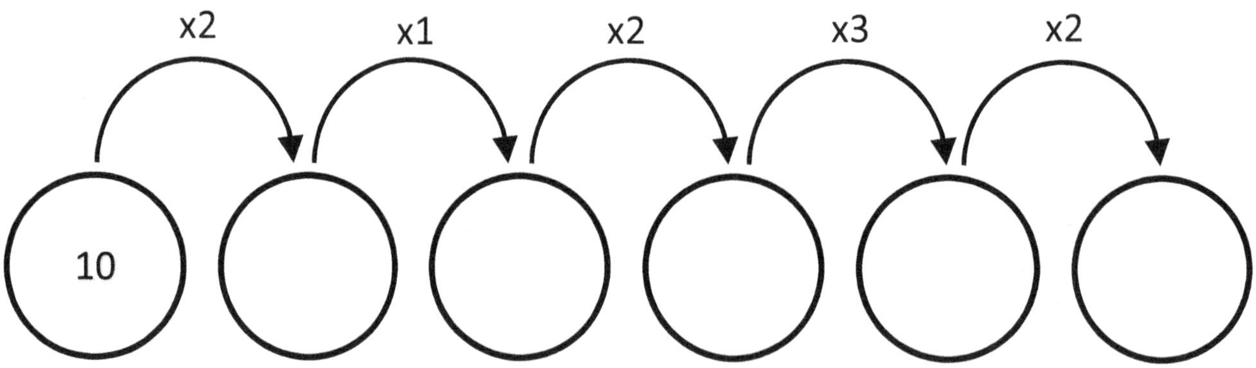

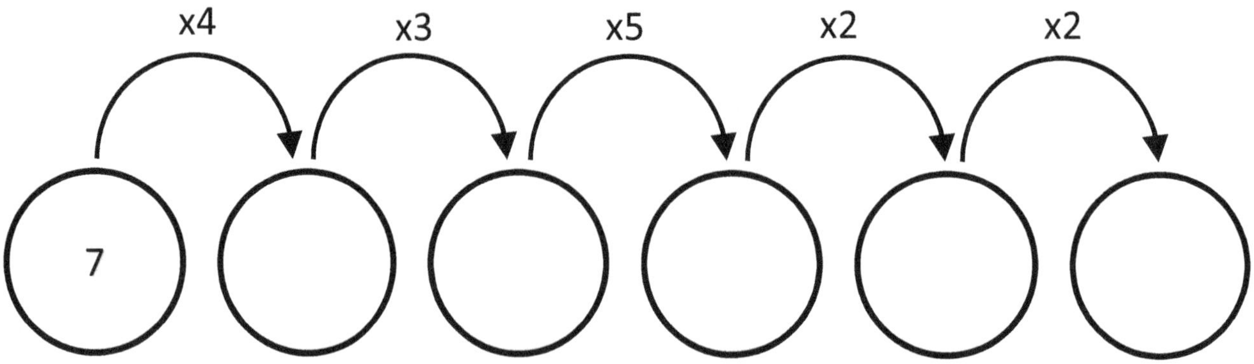

Calculate The Eggs

A hen lays 4 eggs in a week. How many eggs 3 hens lays in a week?

3 x 4 = 12

A hen lays 4 eggs in a week. How many eggs 4 hens lays in a week?

A hen lays 4 eggs in a week. How many eggs 5 hens lays in a week?

A hen lays 4 eggs in a week. How many eggs 2 hens lays in a week?

A hen lays 4 eggs in a week. How many eggs 6 hens lays in a week?

Calculate The Quantity Of Milk

A cow gives 6 liters of milk every day. How much milk 3 cows give?

$6 \times 3 = 18$

A cow gives 6 liters of milk every day. How much milk 4 cows give?

A cow gives 6 liters of milk every day. How much milk 5 cows give?

A cow gives 6 liters of milk every day. How much milk 6 cows give?

A cow gives 6 liters of milk every day. How much milk 7 cows give?

Calculate The Legs

A spider has 8 legs. How many legs 2 spider has?

8 x 2 = 16

A spider has 8 legs. How many legs 3 spider has?

A spider has 8 legs. How many legs 5 spider has?

A spider has 8 legs. How many legs 6 spider has?

A spider has 8 legs. How many legs 4 spider has?

Multiplication Matrix

x	2	4	6
2			
4			
6			

x	3	6	9
3			
6			
9			

x	4	7	5
3			
5			
6			

x	5	3	4
2			
4			
5			

x	6	8	4
4			
6			
8			

x	5	2	10
3			
7			
8			

Multiplication Matrix

x	10	11	12
10			
11			
12			

x	5	10	15
5			
7			
9			

x	8	11	13
5			
8			
4			

x	9	12	15
10			
13			
17			

x	20	15	10
5			
10			
15			

x	11	13	15
11			
13			
15			

Find The Factors

36
- 12 x 3
- 9 x 4

45
- 15 x 3
- ___ x ___

18
- ___ x ___
- ___ x ___

60
- ___ x ___
- ___ x ___

44
- ___ x ___
- ___ x ___

32
- ___ x ___
- ___ x ___

56
- ___ x ___
- ___ x ___

80
- ___ x ___
- ___ x ___

76
- ___ x ___
- ___ x ___

96
- ___ x ___
- ___ x ___

24
- ___ x ___
- ___ x ___

42
- ___ x ___
- ___ x ___

Find The Factors

90	75	63
___ x ___ ___ x ___	___ x ___ ___ x ___	___ x ___ ___ x ___

52	48	50
___ x ___ ___ x ___	___ x ___ ___ x ___	___ x ___ ___ x ___

28	88	66
___ x ___ ___ x ___	___ x ___ ___ x ___	___ x ___ ___ x ___

78	72	27
___ x ___ ___ x ___	___ x ___ ___ x ___	___ x ___ ___ x ___

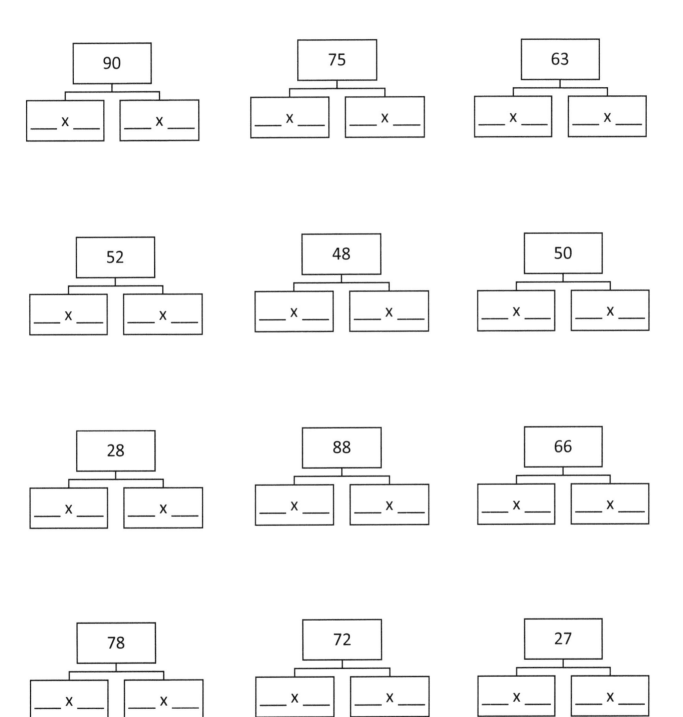

Find The Factors

140	200	250
___ x ___ ___ x ___	___ x ___ ___ x ___	___ x ___ ___ x ___

256	308	180
___ x ___ ___ x ___	___ x ___ ___ x ___	___ x ___ ___ x ___

405	360	186
___ x ___ ___ x ___	___ x ___ ___ x ___	___ x ___ ___ x ___

222	290	102
___ x ___ ___ x ___	___ x ___ ___ x ___	___ x ___ ___ x ___

Write The Multiples

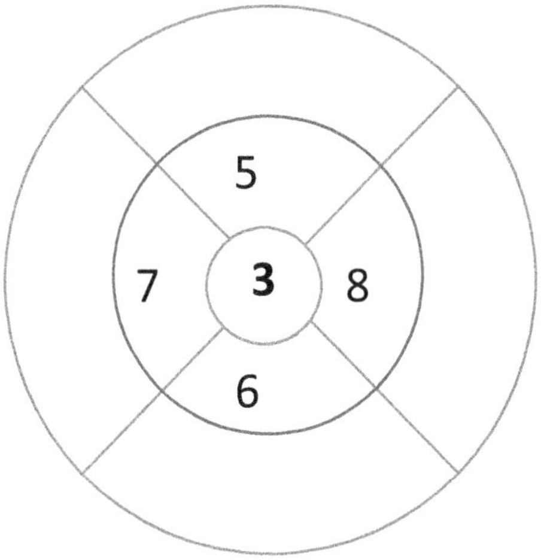

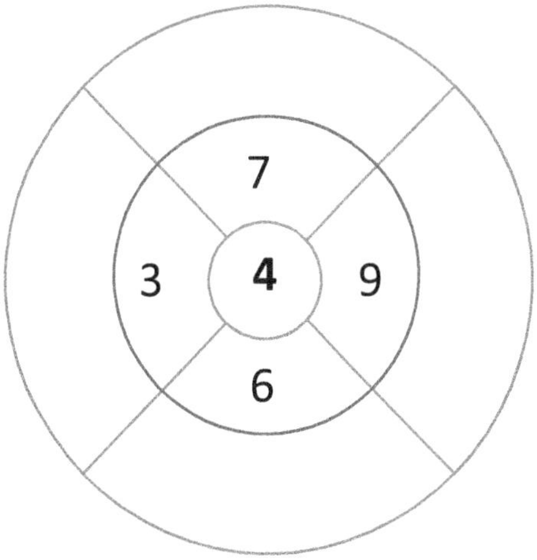

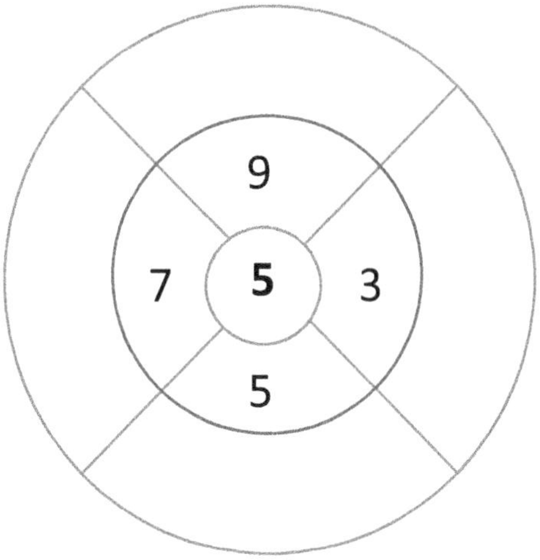

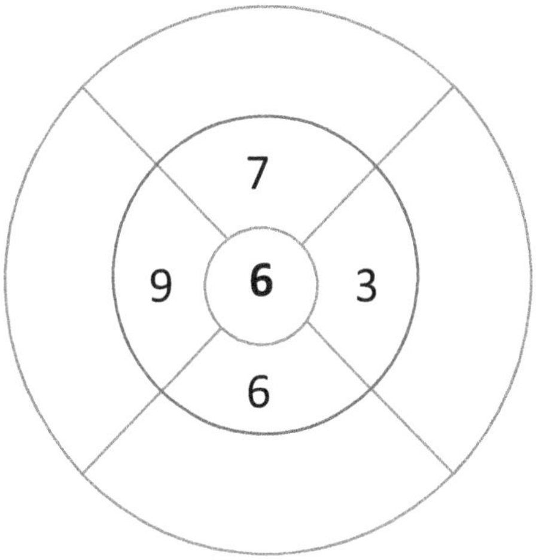

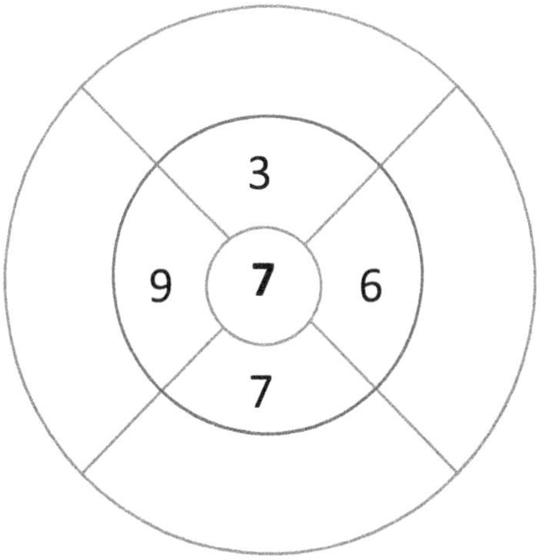

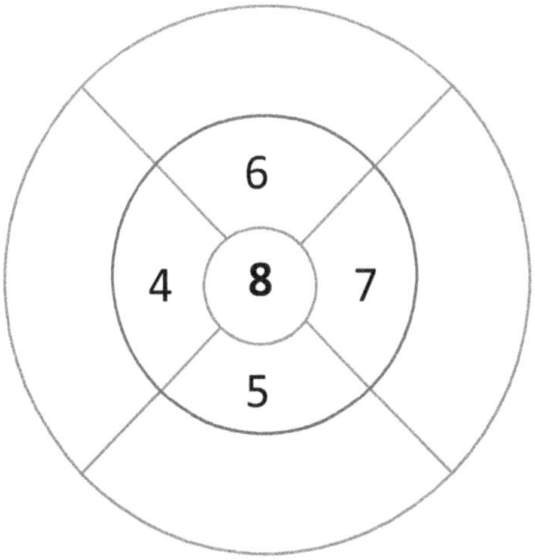

Write The Multiples

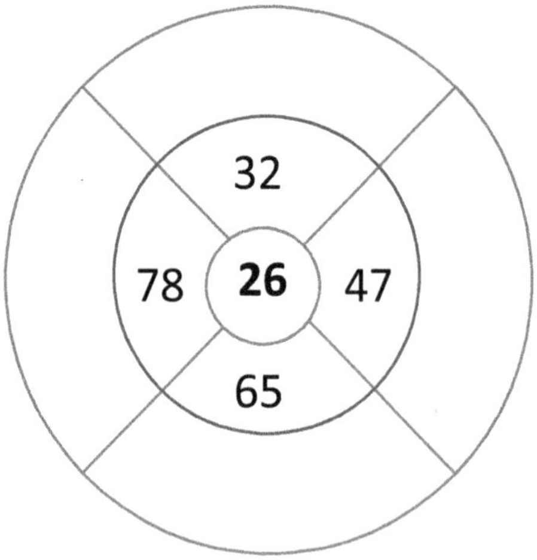

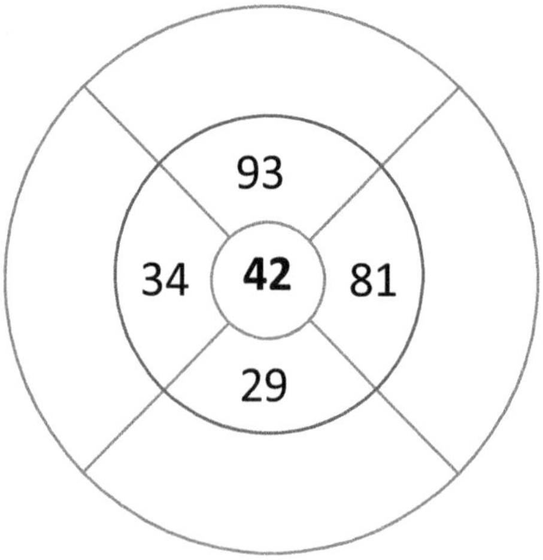

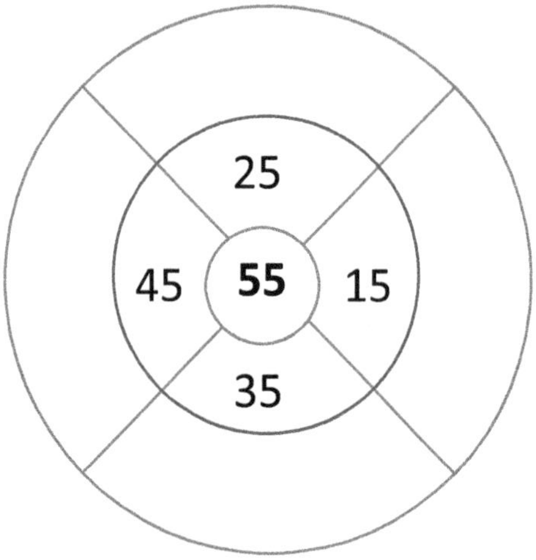

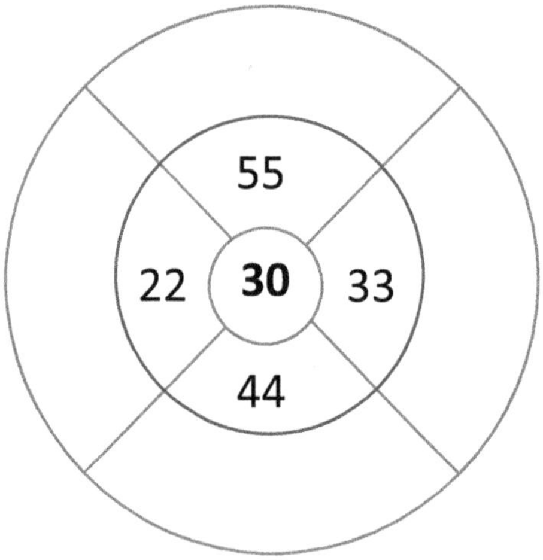

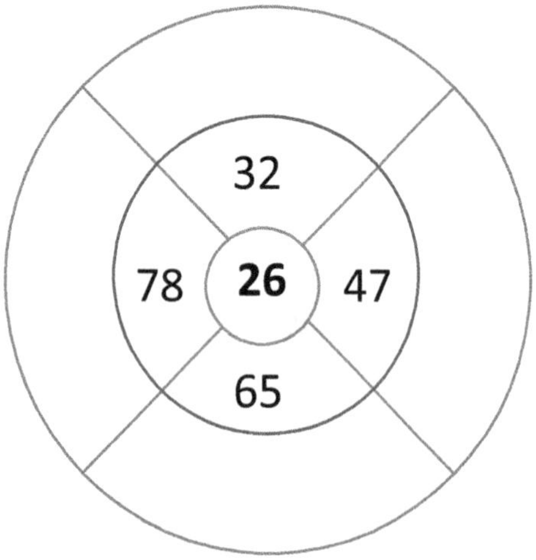

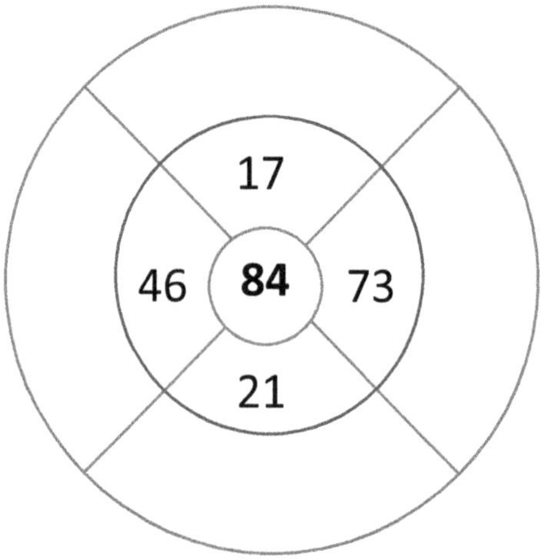

Write The Multiples

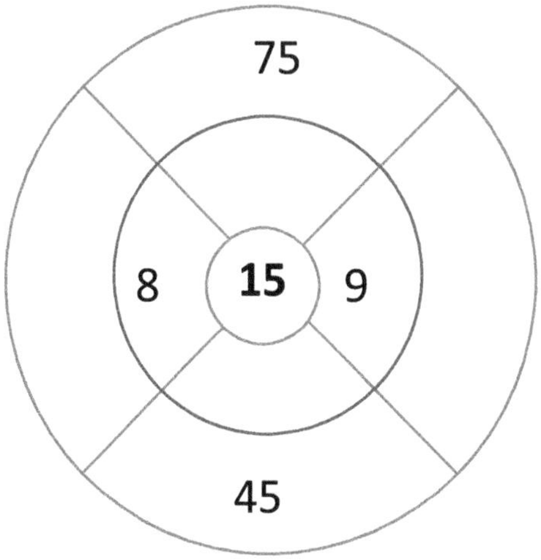

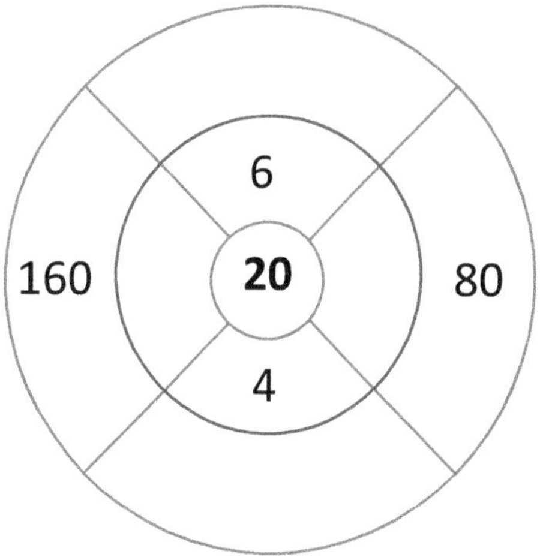

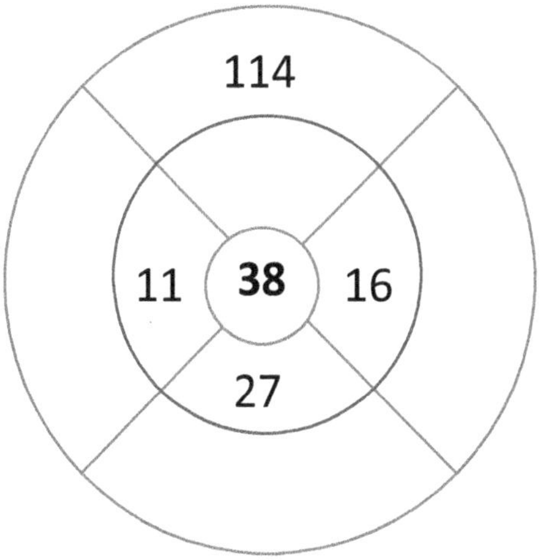

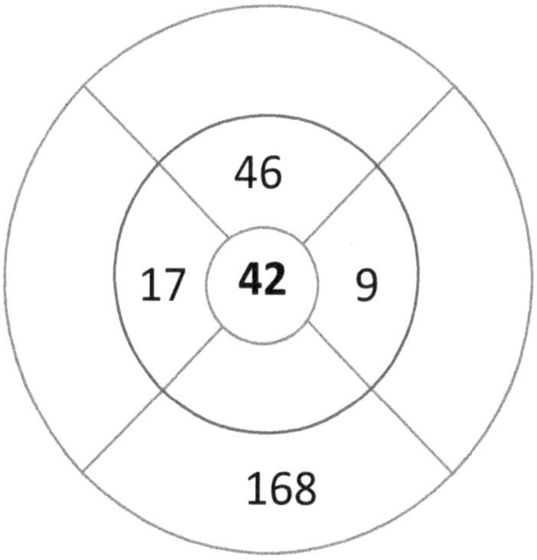

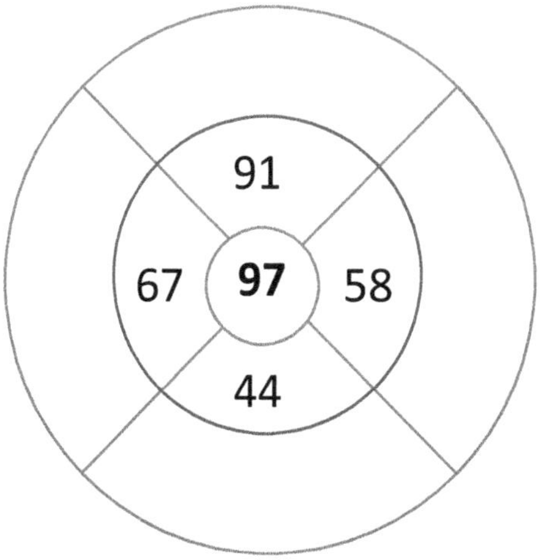

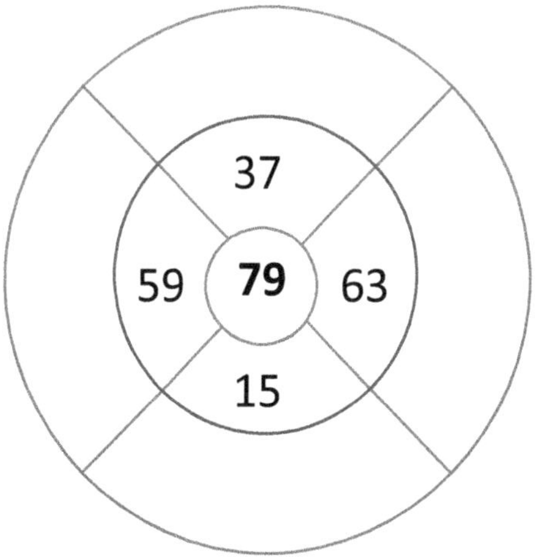

Write The Multiples

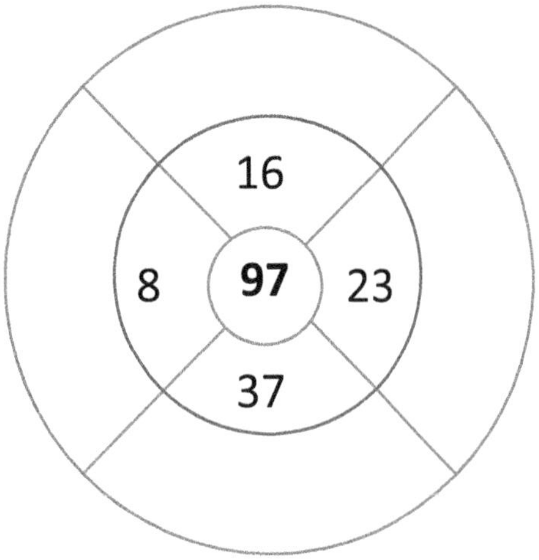

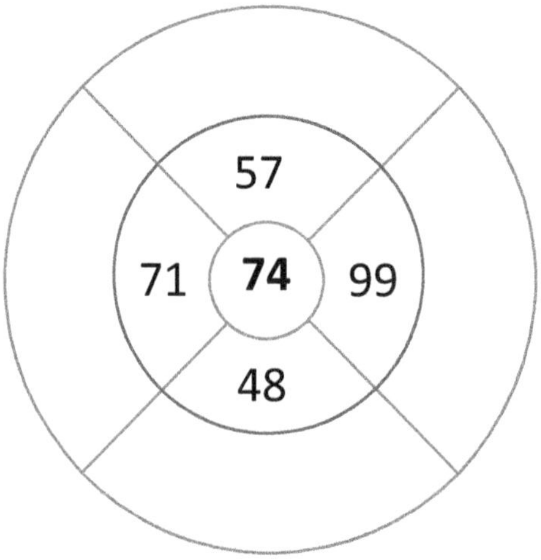

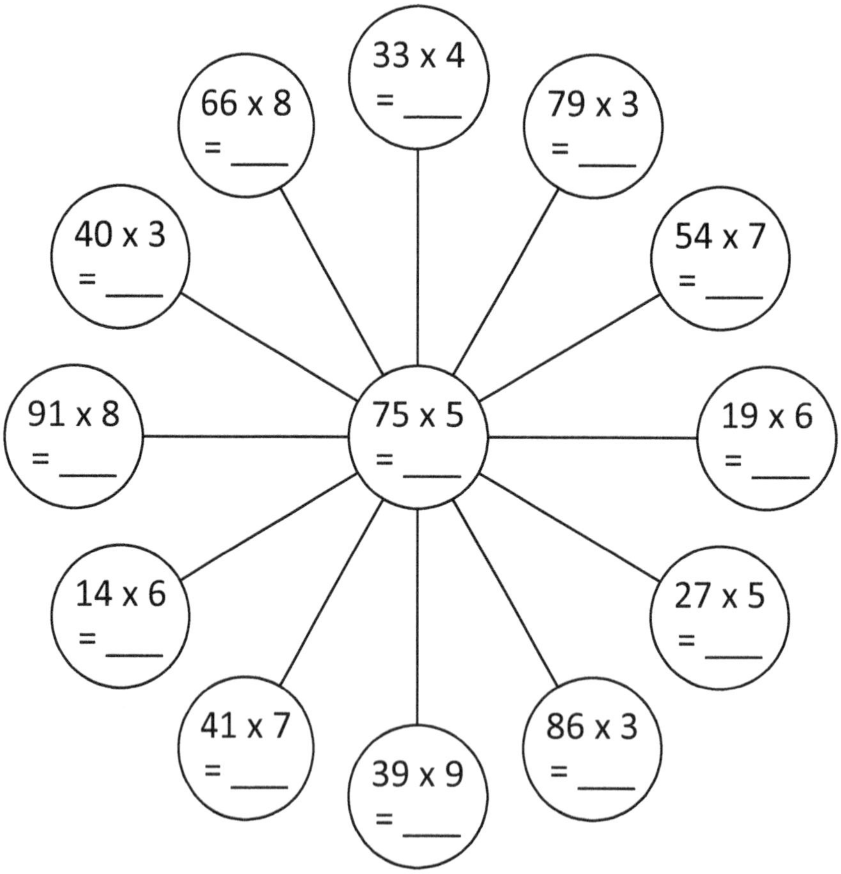

Solve These Honeycomb

80 x 79 = ___

12 x 72 = ___

15 x 47 = ___

46 x 27 = ___

26 x 26 = ___

68 x 25 = ___

81 x 48 = ___

82 x 34 = ___

27 x 44 = ___

88 x 46 = ___

86 x 69 = ___

11 x 42 = ___

66 x 45 = ___

90 x 80 = ___

85 x 49 = ___

65 x 77 = ___

53 x 50 = ___

76 x 85 = ___

39 x 31 = ___

25 x 43 = ___

38 x 82 = ___

77 x 86 = ___

35 x 29 = ___

91 x 99 = ___

48 x 98 = ___

89 x 81 = ___

42 x 28 = ___

51 x 12 = ___

72 x 28 = ___

57 x 84 = ___

96 x 87 = ___

67 x 63 = ___

504 x 56 = ___

419 x 78 = ___

691 x 38 = ___

346 x 84 = ___

222 x 43 = ___

674 x 44 = ___

596 x 57 = ___

280 x 80 = ___

395 x 55 = ___

650 x 75 = ___

829 x 51 = ___

313 x 33 = ___

398 x 22 = ___

376 x 97 = ___

916 x 46 = ___

881 x 31 = ___

526 x 73 = ___

954 x 76 = ___

384 x 45 = ___

496 x 16 = ___

773 x 18 = ___

858 x 20 = ___

961 x 19 = ___

793 x 70 = ___

663 x 13 = ___

456 x 32 = ___

690 x 24 = ___

360 x 95 = ___

106 x 99 = ___

903 x 88 = ___

488 x 37 = ___

564 x 81 = ___

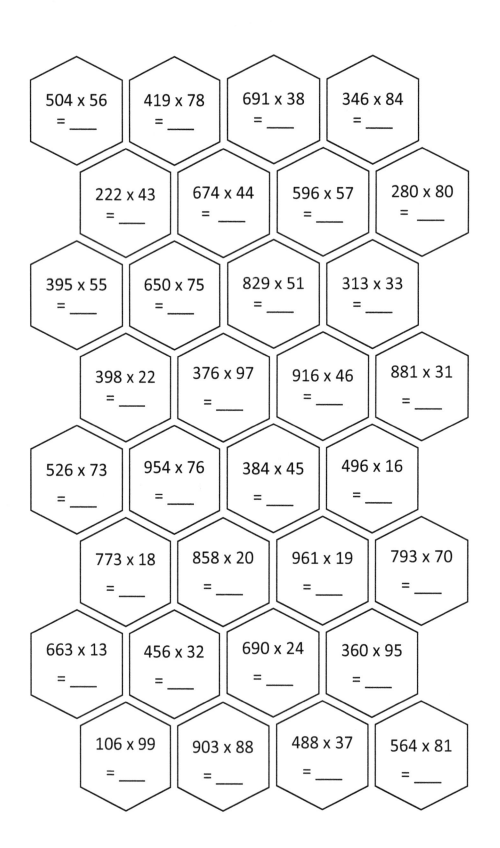

Match The Following

12 x 11	735
17 x 16	938
21 x 35	2244
26 x 26	4794
19 x 31	132
34 x 66	1936
18 x 53	676
43 x 73	2765
67 x 14	3358
44 x 44	272
73 x 46	954
94 x 51	1496
68 x 22	3139
79 x 35	589

Match The Following

24252	●	●	850 x 92
10527	●	●	576 x 81
46656	●	●	934 x 85
67914	●	●	258 x 94
29055	●	●	386 x 19
13188	●	●	512 x 33
78200	●	●	363 x 29
7334	●	●	942 x 22
26273	●	●	882 x 77
10235	●	●	447 x 65
20724	●	●	600 x 21
16896	●	●	115 x 89
12600	●	●	314 x 42
79390	●	●	559 x 47

Match The Equations With Same Result

25 x 6	44 x 36
12 x 12	143 x 35
20 x 10	28 x 4
16 x 4	75 x 18
16 x 16	49 x 24
16 x 7	15 x 10
29 x 18	32 x 8
34 x 24	8 x 8
56 x 21	63 x 44
77 x 65	25 x 8
45 x 30	36 x 4
66 x 24	29 x 76
77 x 36	58 x 9
58 x 38	51 x 16

Solve the equations, then find and shade the answer given in box. You will get a surprise message.

11 x 2 = 22	19 x 2 =	17 x 5 =	11 x 5 =	41 x 2 =
29 x 2 =	13 x 4 =	13 x 5 =	13 x 6 =	7 x 6 =
5 x 5 =	17 x 4 =	9 x 6 =	31 x 2 =	7 x 5 =
8 x 9 =	53 x 1 =	15 x 5 =	22 x 4 =	8 x 4 =
9 x 5 =				

1	2	3	4	5	6	7	8	9	10
11	12	13	14	15	16	17	18	19	20
21	22	23	24	25	26	27	28	29	30
31	32	33	34	35	36	37	38	39	40
41	42	43	44	45	46	47	48	49	50
51	52	53	54	55	56	57	58	59	60
61	62	63	64	65	66	67	68	69	70
71	72	73	74	75	76	77	78	79	80
81	82	83	84	85	86	87	88	89	90
91	92	93	94	95	96	97	98	99	100

Solve the equations, then find and shade the answer given in box. You will get a surprise message.

1 x 2 =	3 x 43 =	33 x 5 =	89 x 2 =	37 x 5 =
x 59 =	157 x 1 =	19 x 8 =	26 x 4 =	137 x 1 =
49 x 1 =	67 x 2 =	113 x 1 =	23 x 8 =	107 x 1 =
5 x 7 =	14 x 11 =	53 x 2 =	44 x 3 =	83 x 2 =
3 x 3 =	71 x 2 =	139 x 1 =	31 x 6 =	27 x 6 =
73 x 1 =	17 x 11 =	13 x 13 =		

101	102	103	104	105	106	107	108	109	110
111	112	113	114	115	116	117	118	119	120
121	122	123	124	125	126	127	128	129	130
131	132	133	134	135	136	137	138	139	140
141	142	143	144	145	146	147	148	149	150
151	152	153	154	155	156	157	158	159	160
161	162	163	164	165	166	167	168	169	170
171	172	173	174	175	176	177	178	179	180
181	182	183	184	185	186	187	188	189	190
191	192	193	194	195	196	197	198	199	200

Multiplication Of 2-Digit Number With 1-Digit Number

29	x	6	=		89	x	8	=		93	x	2	=		51	x	9	=	
92	x	3	=		90	x	5	=		71	x	3	=		45	x	4	=	
87	x	7	=		35	x	6	=		37	x	5	=		26	x	4	=	
54	x	8	=		80	x	9	=		44	x	7	=		43	x	7	=	
58	x	2	=		46	x	3	=		27	x	3	=		99	x	9	=	
28	x	5	=		64	x	4	=		65	x	2	=		14	x	6	=	
98	x	1	=		82	x	7	=		94	x	8	=		61	x	7	=	
39	x	9	=		41	x	6	=		95	x	0	=		91	x	2	=	
68	x	8	=		11	x	3	=		59	x	4	=		40	x	5	=	
62	x	7	=		66	x	6	=		20	x	3	=		96	x	5	=	
33	x	1	=		63	x	4	=		13	x	5	=		50	x	2	=	
66	x	9	=		86	x	3	=		69	x	6	=		80	x	7	=	
94	x	8	=		34	x	4	=		60	x	8	=		22	x	9	=	
78	x	6	=		67	x	7	=		68	x	1	=		18	x	5	=	
45	x	2	=		53	x	3	=		48	x	2	=		11	x	6	=	
57	x	9	=		30	x	3	=		93	x	7	=		14	x	4	=	

Multiplication Of 3-Digit Number With 1-Digit Number

460 x 4 =	994 x 5 =	958 x 7 =	128 x 3 =
860 x 9 =	402 x 2 =	114 x 8 =	763 x 4 =
377 x 6 =	154 x 5 =	188 x 3 =	587 x 2 =
372 x 9 =	304 x 4 =	411 x 6 =	454 x 6 =
675 x 7 =	129 x 8 =	378 x 8 =	386 x 4 =
105 x 3 =	471 x 9 =	955 x 5 =	134 x 2 =
839 x 6 =	872 x 1 =	934 x 7 =	176 x 2 =
790 x 8 =	949 x 7 =	399 x 9 =	720 x 3 =
878 x 4 =	595 x 6 =	353 x 2 =	259 x 5 =
995 x 5 =	678 x 5 =	591 x 4 =	644 x 7 =
458 x 2 =	373 x 8 =	996 x 9 =	687 x 3 =
673 x 6 =	234 x 4 =	123 x 6 =	722 x 3 =
146 x 6 =	109 x 8 =	239 x 9 =	993 x 7 =
333 x 2 =	880 x 6 =	851 x 7 =	419 x 3 =
444 x 9 =	852 x 2 =	523 x 4 =	157 x 5 =
182 x 8 =	628 x 2 =	741 x 3 =	186 x 6 =

Multiplication Of 4-Digit Number With 1-Digit Number

3847 x 5 =	9226 x 7 =	8808 x 8 =	1387 x 2 =
9716 x 9 =	6997 x 1 =	5772 x 6 =	1495 x 3 =
6011 x 4 =	5057 x 5 =	2362 x 6 =	4448 x 3 =
8114 x 8 =	4734 x 3 =	1455 x 7 =	2922 x 2 =
5872 x 9 =	6080 x 4 =	3461 x 6 =	2042 x 7 =
7884 x 2 =	1580 x 3 =	6269 x 4 =	6371 x 9 =
7402 x 4 =	9366 x 5 =	9064 x 8 =	7408 x 4 =
7296 x 3 =	1097 x 9 =	4377 x 5 =	8023 x 0 =
7215 x 7 =	7646 x 8 =	9696 x 2 =	9007 x 6 =
9390 x 6 =	5611 x 3 =	8358 x 8 =	3104 x 7 =
2467 x 2 =	4132 x 9 =	9289 x 4 =	5143 x 5 =
2355 x 8 =	1972 x 9 =	4169 x 6 =	3938 x 8 =
9569 x 9 =	6850 x 2 =	3088 x 3 =	5982 x 4 =
2925 x 7 =	7181 x 4 =	2889 x 9 =	5838 x 7 =
3499 x 1 =	4076 x 2 =	7703 x 3 =	8696 x 5 =
4607 x 6 =	8628 x 8 =	2721 x 5 =	6104 x 9 =
4020 x 6 =	3298 x 5 =	3020 x 7 =	4196 x 2 =

Multiplication Of 2-Digit Number With 2-Digit Number

58 × 79	68 × 86	24 × 93	36 × 62	88 × 16
95 × 54	16 × 39	14 × 99	44 × 59	19 × 32
96 × 64	60 × 35	89 × 26	11 × 73	97 × 48
42 × 33	26 × 66	56 × 40	90 × 24	74 × 88
66 × 52	86 × 79	99 × 21	98 × 25	27 × 51
37 × 20	43 × 68	45 × 19	69 × 22	61 × 56

Multiplication Of 2-Digit Number With 2-Digit Number

70 × 41	21 × 71	65 × 65	10 × 49	92 × 53
33 × 23	17 × 90	23 × 27	28 × 61	51 × 57
40 × 80	12 × 36	22 × 98	71 × 89	13 × 10
46 × 87	52 × 92	63 × 34	72 × 11	73 × 55
41 × 28	38 × 67	91 × 12	55 × 37	75 × 69
50 × 91	48 × 83	15 × 29	57 × 30	76 × 31

Multiplication Of 2-Digit Number With 2-Digit Number

93 x 71	62 x 44	47 x 17	64 x 38	77 x 42
82 x 50	87 x 63	29 x 75	58 x 60	94 x 72
18 x 13	57 x 14	35 x 43	20 x 74	78 x 45
83 x 76	25 x 84	30 x 46	31 x 77	32 x 94
34 x 47	39 x 78	80 x 81	49 x 82	53 x 85
54 x 95	81 x 96	84 x 97	59 x 15	85 x 18

Multiplication Of 3-Digit Number With 2-Digit Number

215 x 26	361 x 94	132 x 45	816 x 46	718 x 24
926 x 28	588 x 43	549 x 38	576 x 47	482 x 31
607 x 59	655 x 70	541 x 36	854 x 44	731 x 18
356 x 69	954 x 87	256 x 93	780 x 29	870 x 79
958 x 48	205 x 56	395 x 95	619 x 57	428 x 71
330 x 98	616 x 96	344 x 99	868 x 51	411 x 82

Multiplication Of 3-Digit Number With 2-Digit Number

930 x 21	578 x 30	403 x 83	233 x 55	678 x 20
115 x 22	414 x 27	444 x 86	786 x 76	590 x 97
893 x 73	220 x 78	292 x 33	608 x 77	560 x 10
446 x 80	609 x 23	647 x 32	732 x 34	164 x 49
775 x 50	967 x 63	519 x 40	426 x 90	299 x 58
900 x 35	762 x 81	687 x 54	683 x 92	742 x 64

Multiplication Of 3-Digit Number With 2-Digit Number

152	497	579	709	300
x 88	x 84	x 37	x 11	x 52
959	914	646	360	459
x 39	x 85	x 41	x 42	x 12
226	328	792	591	431
x 61	x 53	x 13	x 25	x 89
610	355	293	629	362
x 14	x 15	x 74	x 91	x 16
947	410	144	242	357
x 60	x 17	x 62	x 65	x 66
595	583	568	240	358
x 19	x 75	x 67	x 68	x 72

Multiplication Of 3-Digit Number With 3-Digit Number

429 x 658	944 x 904	386 x 217	640 x 690	758 x 607
607 x 849	426 x 129	535 x 558	678 x 115	574 x 836
831 x 185	238 x 298	582 x 845	384 x 274	905 x 829
830 x 801	517 x 872	912 x 691	897 x 308	700 x 798
326 x 975	874 x 639	456 x 289	566 x 343	330 x 310

Multiplication Of 3-Digit Number With 3-Digit Number

832	310	815	825	663
x 895	x 180	x 290	x 325	x 269
581	434	898	957	595
x 353	x 878	x 649	x 275	x 307
559	411	500	459	118
x 987	x 794	x 913	x 160	x 121
435	724	362	139	285
x 120	x 957	x 570	x 253	x 686
860	433	165	313	218
x 963	x 413	x 404	x 153	x 995

Multiplication Of 3-Digit Number With 3-Digit Number

501 x 270	470 x 113	473 x 665	797 x 439	380 x 280
250 x 495	883 x 492	505 x 958	736 x 814	717 x 840
519 x 154	497 x 517	180 x 239	884 x 969	854 x 155
697 x 453	231 x 864	176 x 122	899 x 187	503 x 519
811 x 933	917 x 116	856 x 790	612 x 189	577 x 496

Multiplication Of 3-Digit Number With 3-Digit Number

387 x 128	339 x 245	863 x 811	116 x 892	450 x 677
743 x 220	409 x 739	942 x 568	893 x 964	923 x 355
562 x 398	771 x 852	115 x 577	819 x 365	556 x 778
168 x 990	484 x 311	518 x 175	547 x 716	824 x 911
583 x 123	397 x 124	853 x 749	224 x 750	876 x 770

Fill In The Blanks

39 x ____ = 0	5 x ____ = 10	2 x ____ = 16	30 x ____ = 150
12 x ____ = 108	3 x ____ = 18	35 x ____ = 35	25 x ____ = 75
6 x ____ = 24	21 x ____ = 63	17 x ____ = 85	1 x ____ = 15
7 x ____ = 14	10 x ____ = 0	32 x ____ = 96	9 x ____ = 63
40 x ____ = 80	11 x ____ = 88	8 x ____ = 16	4 x ____ = 20
13 x ____ = 52	14 x ____ = 0	20 x ____ = 20	22 x ____ = 66
23 x ____ = 69	24 x ____ = 144	26 x ____ = 130	27 x ____ = 108
10 x ____ = 60	24 x ____ = 120	26 x ____ = 26	14 x ____ = 126
28 x ____ = 56	35 x ____ = 140	15 x ____ = 45	12 x ____ = 84
21 x ____ = 126	13 x ____ = 65	31 x ____ = 93	29 x ____ = 29
16 x ____ = 64	30 x ____ = 270	6 x ____ = 48	17 x ____ = 34
23 x ____ = 69	4 x ____ = 36	9 x ____ = 0	36 x ____ = 72
40 x ____ = 40	2 x ____ = 8	18 x ____ = 108	11 x ____ = 99
3 x ____ = 9	5 x ____ = 40	38 x ____ = 190	18 x ____ = 126
20 x ____ = 140	34 x ____ = 136	19 x ____ = 152	21 x ____ = 84
15 x ____ = 75	10 x ____ = 20	9 x ____ = 18	22 x ____ = 198
11 x ____ = 55	27 x ____ = 162	24 x ____ = 198	2 x ____ = 14
36 x ____ = 0	23 x ____ = 138	16 x ____ = 112	25 x ____ = 100
12 x ____ = 108	30 x ____ = 90	27 x ____ = 135	6 x ____ = 12
11 x ____ = 99	8 x ____ = 56	14 x ____ = 52	24 x ____ = 72

Find All The Factors

	60	
	x	
	x	
	x	

	78	
	x	
	x	
	x	

	88	
	x	
	x	
	x	

	96	
	x	
	x	
	x	

	108	
	x	
	x	
	x	

	130	
	x	
	x	
	x	

	144	
	x	
	x	
	x	

	156	
	x	
	x	
	x	

	180	
	x	
	x	
	x	

	66	
	x	
	x	
	x	

	126	
	x	
	x	
	x	

	136	
	x	
	x	
	x	

	200	
	x	
	x	
	x	

	224	
	x	
	x	
	x	

	400	
	x	
	x	
	x	

	296	
	x	
	x	
	x	

	328	
	x	
	x	
	x	

	340	
	x	
	x	
	x	

	366	
	x	
	x	
	x	

	450	
	x	
	x	
	x	

	424	
	x	
	x	
	x	

	496	
	x	
	x	
	x	

	420	
	x	
	x	
	x	

	320	
	x	
	x	
	x	

	246	
	x	
	x	
	x	

	290	
	x	
	x	
	x	

	160	
	x	
	x	
	x	

	234	
	x	
	x	
	x	

Multiplication Puzzles

	6							
12	x	4	=		x	6	=	
	7			x				x
	=			3				2
		x	6	=				=
				x				
				5	x	43	=	
				=				
150	x	6	=					

12	x	9	=							
x										
17	x	11	=					117		
=		x						x		
		23	x	27	=		x	4	=	
		=						=		
				52	x	9	=			
		x						x		
		3				336	x	2	=	
		=						=		

Multiplication Puzzles

5				3				
x				x				
7	x		=	49				16
=				=				x
		9	x		=			
x				x				=
13				8	x		=	112
=				=				x
x				x				=
29				16	x	28	=	
=				=				
x				x				
3		47	x	7	=	329		
=		x		=		x		
		58				31		
		=				=		

www.ingramcontent.com/pod-product-compliance
Lightning Source LLC
Chambersburg PA
CBHW081312050225
21479CB00016B/264
9798653212512